瓜飯樓外集　第五卷

瓜飯樓藏漢金絲楠明式傢具

馮其庸　藏録

商務印書館

圖書在版編目(CIP)數據

瓜飯樓藏漢金絲楠明式傢具/馮其庸藏録. —北京：商務印書館,2022
（瓜飯樓外集）
ISBN 978－7－100－20818－5

Ⅰ.①瓜…　Ⅱ.①馮…　Ⅲ.①楠木—木傢具—文物—中國—明代—圖集　Ⅳ.①TS666.204.8－64

中國版本圖書館CIP數據核字(2022)第035527號

傢具設計、製作：苑金章
特邀編輯：姚偉延
攝　　影：汪大剛　甘永潔
版式設計：姚偉延　張晶晶

瓜飯樓外集
第五卷
瓜飯樓藏漢金絲楠明式傢具
馮其庸　藏録

商務印書館出版
（北京王府井大街36號　郵政編碼100710）
商務印書館發行
北京雅昌藝術印刷有限公司印刷
ISBN 978－7－100－20818－5

2022年7月第1版　　開本720×1000　1/8
2022年7月北京第1次印刷　　印張26
定價：980.00元

卮飲樓外集

黄中百歲

题签　姚奠中

瓜飯樓外集

顧　問　謝辰生　鄭欣淼　王炳華　王文章

主　編　馮其庸

助　編　高海英

《瓜飯樓外集》總序

我剛出了《瓜飯樓叢稿》，現在又着手編《瓜飯樓外集》，其原因是我的研究方法和研究習慣，都是先從調查每一個專題的歷史資料開始的，如我在講中國文學史的時候，就思考中國原始文化的形成和綜合的過程，因此我調查了全國各地重要的新石器時代文化遺址以及若干先秦、漢、唐時代的文化遺址，在調查中，獲得了不少原始文化資料。一九六四年八月，我隨人民大學的『四清』工作隊到陝西長安縣參加『四清』工作，我被分派在長安縣南堡寨，想不到在那裏我與周宏興同志一起，發現了一個規模極大的原始文化遺址（方圓十多華里），采集到大量的原始陶器、骨器等等，之後我們報告了陝西省考古所，也寫了一份考古報告，報告直到『文革』結束後纔在《考古》雜誌上發表，編輯部的人説由非考古人員寫的一份合格的考古報告，這還是第一次。我們帶回的實物，蘇秉琦、郭沫若等專家都看過并認同了。由於愛好，我也從各地的文物市場獲得一些與我的研究課題有關的資料。我的不少原始陶器和彩陶，周、秦、漢、唐的瓦當、陶俑等，就是這樣逐漸積累起來的。

我在考察中國佛教造像時，也陸續獲得了一批從北魏到唐宋的石刻造像和金銅造像。我爲什麽會重視并喜愛這些造像呢？我讀高一時，美術老師給我們講西洋雕塑怎麽怎麽好，怎麽怎麽偉大，我就奇怪中國爲什麽没有雕塑，後來我到了敦煌、麥積山、炳靈寺、雲崗、龍門，我纔知道我們中國的雕塑如此輝煌，更後來秦始皇陵兵馬俑被發現了，這是震驚世界的發現，它證明我們的雕塑不僅豐富偉大，而且遠遠早於西方，我認爲我們的美術史家應該寫出一部新的中國雕塑史來，因此我想力所能及地爲他們搜集一些散落的資料，而且我也真是搜集到了一些，這就是收在這部外集裏的石刻造像和金銅佛像。

我從小就喜歡刻印，因此一直留心這方面的實物，在『文革』中，在地安門的一家文物商店裏，就先後買到了陳曼生、楊龍石等人的印章，我從各地買到的戰國到秦漢的印章約有六十多枚，我還在新疆和田買到了幾方西部的印章。

由於我特別喜歡篆刻，所以篆刻界的前輩和朋友，也都不斷爲我治印，因此我還積累了一批現當代名家的刻印。

我還重視古代的石刻墓誌，因爲這是歷史書籍以外的史料，即使是這個人在史書中有所記載，也未必會有這個人的墓誌詳細。古人往往將墓誌稱爲『諛墓文』，意思是説墓誌上總是説好話贊揚的多，這種説法也不是没有道理。但是要區別清楚，一般説好話都是贊揚性的空話居多，如要考證這個人的實際官職之類的歷史事實，墓誌也不至於虚構編造，所以我比較重視墓誌，先後得到了一批重要的墓誌銘，其中特别是一件九十四厘米見方的唐狄仁傑族孫的墓誌銘，尤爲難得。此外還得到一批民間各式各樣的墓誌，使我們對墓誌的瞭解大大豐富了。

『文革』期間，一九七二年，我家鄉挖河，挖出來一個墓葬，墓是明代正德九年的，屍體和衣服完全未腐爛，但發現腦袋是被砍的，死者胸前掛一個黄布口袋，口袋裏裝一份文書，我侄子馮有責把它寄給了我，原來是一份皇帝的『罪己詔』。我將此詔送給故宫博物院，結果故宫博物院的兩派正在武鬥，無人管這件事，又拿了回來，我仍舊保存着。前些年終於無償地捐贈給第一歷史檔案館了。據檔案館的朋友告訴我，皇帝的『罪己詔』實物，全國只此一件。

一九七三年，我家鄉又挖出來一批青銅器，最大的一件銅鑒，有長篇銘文，還有二件銅豆也有同樣的銘文，還有二件無銘文。後來我的侄子馮有責告訴了我，并用鉛筆拓了幾個銘文給我看，我初步看出是楚鑒，銘文也大體能識，我即拿到故宫去找唐蘭先生，唐先生是我老師王蘧常先生的同學好友，我一九五四年剛到北京時，由王蘧常老師作書介紹，第一個就是拜見他，以後也一直有聯繫。唐老看到了我拿去的銘文粗拓件，也肯定是楚器，并囑我想法把它拿到北京來。這事被耽擱了一段時間，最後拿到北京時，唐老已不幸去世了。事後不少專家研究了這個銅鑒，是戰國春申君的故物，根據銘文命名爲『鄴陵君鑒』。那時還在『文革』後期，我怕被紅衛兵來砸掉，就告訴南京博物院的姚遷院長。姚院長十分重視，除親自來看過外，還專門派了三個人來取。還一定要付給我錢，我堅決辭謝了，我説我是無償地捐獻給祖國，只要您給我一個收條，我好向家鄉交待。姚院長終於接受了我的意見。現在這批青銅器（共五件）一直被珍藏在南京博物院。

我還喜歡瓷器，也陸續收集積累了一些，但我收集的是民窑，我欣賞民間藝術，民窑也是民間藝術的一種。我在朋友的幫助下，陸續收集到了一批青花瓷，其中明青花最多。我把民間青花上的紋飾，比作是文人隨意的行書和草書，其行雲流水之意和具象與抽象交合的意趣是官窑所没有的。

我還特别喜歡紫砂器物，二十世紀五十年代初，宜興紫砂廠在無錫有一個出售紫砂壺的店面，那時顧景洲先生常來，我就是在那裏認識他的。之後我常到宜興去看顧老（那時他纔四十多歲，我還不到三十歲），因此認識了高海庚、周桂珍、徐秀棠、汪寅仙、蔣蓉等紫砂大師，我還常給他們在壺上題字，我到北京後，顧老和高海庚也常到北京來，只要他們來，就會來看我。這樣我也陸續收藏了一批紫砂壺，也在文物商店買到過陳曼生等的一些老壺，當時都由顧景洲老爲我鑒定。現在連同他們送給我的茶壺也一并收入本集。

我最早認識明式傢具的藝術價值，是受老友陳從周兄的影響，我倆都是王蘧常先生的學生，他比我年長，他是古典園林專家，又是書畫家，他特别重視明式傢具，爲此他還爲美國大都會博物館設計了一座『明園』，從建築材料到傢具陳設和園中的假山，全都是明代的，連題字也是用的明代書畫家文徵明的字，我一九八一年去美國講學時還專門去看過，所以我對明式傢具的理解和愛好，最早是受從周兄的影響。

之後，我又認識了王世襄先生，記得在『文革』前和『文革』中，他常提着一個小包到張自忠路我宿舍旁的張正宇先生家來，張正宇先生是工藝美術大師，可以説是無所不通。尤其是他的書法真是出神入化，既傳統而又創新。王世襄先生也常常拿着他的書法來向張老請教。而王老對於明式傢具的收藏和研究，在當時是無出其右的。我到王老家去，看到他屋裏堆滿了明式傢具，連自己住的地方都没有，往往就睡在舊傢具上。我於自然之間，也就受到了他的影響，後來又獲交陳增弼先生，他也是明式傢具的專家、收藏者和研究者。二十世紀七十年代我去揚州調查有關曹雪芹祖父曹寅的事，碰巧揚州發掘廣陵王墓，其外槨全是西漢的金絲楠木，每塊長五米有餘，寬有一米多，厚約四十厘米，而且一面是鮮紅的紅漆，一面是黑漆。當時政府就用這些木板作爲民工的工錢發給老百姓，老百姓拿來出售，我就買了一批，後來朋友幫我運到了北京，一擱就是十幾二十年。有一次偶然被陳增弼兄看到了，他大爲稱贊這批木料，説由他來設計一套明式傢具，用這批金絲楠木來做，那會舉世無雙。不幸陳兄突患癌症去世了，但這個計劃却由他的高足苑金章繼承下來了。苑金章兄親自設計并帶領一批人製作，一晃至今已五年有餘，共成三十六件。我看了真是眼花繚亂，原來一塊塊塵土滿身的木板，不想做成傢具後，式樣典雅大氣，而且金光閃閃，異香滿室，真讓我看了覺得心曠神怡。

在這部《瓜飯樓外集》裏，我還收了《瓜飯樓藏王蘧常書信集》一卷，和《瓜飯樓師友録》三卷。王蘧常先生和錢仲聯先生都是我的終身老師。王先生的章草，是舉世無雙的，日本人説『古有王羲之，今有王蘧常』。他給我的信很多，特別是他九十歲那年，特意爲我寫了十八封信，名曰《十八帖》。没有想到我到上海去拜領了這部《十八帖》後回到北京，只過了五天，他就突然仙逝了。所以這部《十八帖》也就成了他的絶筆。現將這部《十八帖》和他給我的書信、書法單獨結成一集。

錢仲聯先生也是我的終身老師，從一九四六年拜他爲師後，向他問學一直未間斷，他去世前不久，還寫了一首七百字的長詩贈我。寫完這首詩，他喘口氣説：『現在我再也没有牽掛了！』現把他給我的信一并收在《瓜飯樓師友録》裏。《瓜飯樓師友録》裏還有許多前輩和同輩的信，如蘇局仙、郭沫若、謝無量、唐蘭、劉海粟、朱屺瞻、季羡林、任繼愈先生等等。年紀小的學生一輩以下的信因爲篇幅所限，無法盡收，十分遺憾。

這部集子裏，我還收了我的兩部攝影集，一部是玄奘取經之路的專題，另一部是大西部的歷史文化風光的攝影。我前後去陝西、甘肅、寧夏、新疆等地十多次，登帕米爾高原三次，穿越塔克拉瑪干大沙漠二次，入羅布泊、樓蘭、龍城、白龍堆、三隴沙一次。最後一次，在大沙漠中共十七天，既考明了玄奘往返印度取經的國内路线，也飽賞了帕米爾高原和羅布泊、樓蘭、龍城、白龍堆等大漠的風光，而且我把這些經歷都攝入了鏡頭，這既是我的重要實地調查記録，也是世所罕見的西域風光的實録。

我從小就喜歡書法和繪畫，一直是自學。一九四三年在無錫城裏意外遇見了大畫家諸健秋先生，他十分稱贊我的習作山水，要我到他的畫室去看他作畫，他説『看就是學』。這樣，我就在他的畫室裏前後看了一年，但我上完高一就又失學了，離開了無錫也就看不到諸老作畫了。但諸老的教導我一直默記在心。平時因事忙，我只作一些花卉之類的簡筆，書法的學習則是從小學到高中一直到後來上無錫國專都未間斷。日後也不斷作書法。一九九六年我離休以後，有了時間，就開始認真地作山水，而且我一直喜歡宋元畫，所以也用功臨摹宋元畫。但令我最爲動心的大西部山水，尤其是古龜茲國（庫車）的山水，我則另創别法，用重彩乾筆來表現。我先後開過多次書畫展，出過多次畫册。現在我把這些作品，包括近幾年來的新作和書法，一并編入本集，也算是我在文章以外的另一類學術與藝術的綜合。也許，將這個『外集』和『内集』（《瓜飯樓叢稿》）合起來看，可以看到我在學術和藝術方面比較完整的一個基本面貌，也可以看到我畢生的全部興趣所至。但是我要説明，我不是文物收藏家，我收藏這些東西都是爲了研究，當然也是由於愛好。因爲我收集這些東西主要是爲了學術研究，所以我收集的東西并不一定都有很高的文物價值和經濟價值，但是它却有珍貴的史料價值和認識價值。例如在討論新出土的『曹雪芹墓石』時，否定的一派認爲墓誌銘都有一定的規格，多大多小都有規定。這聽起來好像有道理，實際上這是混淆事實。墓誌銘的官方規定，雖有其事，但却只限於做官的，對一般普通老百姓，有誰來管你這些事？曹雪芹抄家後早已淪爲一介貧民，死時連棺材都没有，還有誰來按什麽規格刻墓誌銘呢？這不過是一塊普通的未經細加工的毛石，鑿『曹公諱霑墓』『壬午』幾個字，只是用作標誌而已。爲了證實普通老百姓的墓誌銘是各式各樣的，將我收到的，如有的是陶盤的墓誌銘，有的是瓷器盤子做的墓誌銘，有青花瓷的墓誌銘，有一塊只有一本普通書本大小的青花釉裏紅墓誌銘，有兩塊磚刻的四方的墓誌銘，還有一塊用朱筆寫在磚上的墓誌銘，都收在我的書裏。它不一定有多大的經濟價值，但它却有珍貴的認識價值和歷史價值。

不論是文章也好，還是藝術也好，還有其他也好，我覺得人的追求是永無止境的。古人説『學無止境』，確實如此。這也就是説，無論你是寫文章做學問也好，無論你是創作藝術也好，還是追尋歷史，進行考古也好，始終都是『無止境』的。因此，人永遠在征途中，永遠在追求中，千萬不可有自我滿足的感覺。『自滿』也就是『自止』。人到了自止，也就是停止了。我喜歡永遠讓自己在征途中，在學問的探索中，在藝術的創意中！杜甫説：『大哉乾坤内，吾道長悠悠！』杜甫説得多好啊！

二〇一三年四月四日，農曆癸巳清明節晚十時於瓜飯樓，時年九十又一

凡例

一、本書所收各類藏品，均係編者個人所藏。

二、本書所收䣄陵君鑒等五件藏品，已無償捐贈給南京博物院，正德《罪己詔》已無償捐贈給第一歷史檔案館。現所用圖片，爲以上兩家攝贈。

三、本書所收古代碑刻拓片、墓誌等，均有録文，并加標點，録文一般采用通行繁體字，但碑上的俗寫字，一律采用原字。

四、本書所收古印，最具特色的是新疆和田的古代動物形象印，爲稀見之品。

五、本書所收墓誌銘，除官方的墓誌外，還收了一部分民間墓誌，以示兩者的區別。民間墓誌無官方規定，各式各樣，有青花瓷特小的墓誌，有陶盤墓誌，有瓷碗墓誌，還有磚質硃書墓誌等，且各具地方特色。

六、本書所收師友書信，時間限於藏主同輩。藏主的學生和年輕友人的書信，限於篇幅，未能收入。

七、本書各卷，專題性强，故特邀各項專家任特邀編輯，以使本書得到更好的編録。

八、本書所收藏品，除藏主的書畫外，以前均未結集出版。

寬堂謹訂

二〇一五年九月十五日

《瓜飯樓外集》總目

目録

床榻類

屏座類

設計圖紙

自序

我對明式傢具的重視，是受了三個人的影響。一是陳從周兄，他是古建築專家，他與我同是王蘧常先生的學生，但他年長，是我的學長，他經常與我討論古典園林的建園藝術，有時也談到明式傢具，因爲這是與古建築和古典園林分不開的。他還爲美國大都會博物館設計建造了一座『明園』，不僅建築風格、傢具裝飾全是明代的，連所用材料都是明代的。二是王世襄先生，『文革』中，我們同是受『批判』對象，他常到張正宇老家裏來，我與張老是鄰居，平時常與張老在一起，所以常能見到王世襄先生。有一次，我去芳嘉園看他，他家裏堆滿了舊明式傢具，有時連睡覺都睡在明式傢具上，他的明式傢具書的出版，對社會起了很大的影響，一時明式傢具聲價飛騰。三是陳增弼兄，當時我在編《紅樓夢大辭典》，有關《紅樓夢》裏的傢具沒有合適的人來注釋，友人推薦了他，結果這部分的注釋做得特別理想，我們也成了好友，他經常來看我。有一次在我家看到了我收藏的一批西漢金絲楠木，板子尺寸大，兩面還有很好的紅漆和黑漆，他見到了非常驚喜，説這樣珍貴的木料舉世難覓，他願爲我設計一套明式傢具，由苑金章來承製，做成後必將傳世。我也非常高興，但想不到不久他得了癌症，而且一年後即去世了，真是萬萬想不到的事。

我的這批金絲楠木，還是二十世紀七十年代末，我到揚州去，正好碰上揚州在發掘廣陵王墓，我到現場去參觀，并下到墓穴底下去看了，當時現場四周堆滿了廣陵王墓外椁發掘出來的巨大的金絲楠木，後來這批木料就用來作民工工錢發給民工了。不久我再次去揚州，就有人告訴我老百姓手裏的金絲楠木，都想出售，但沒有人要買，我立即就去選了十一塊大料，長約五米，寬約一米三，厚約四十公分，都是一面紅漆，一面黑漆。我買好的這些木板，都存放在西園飯店園子裏。隔了很久，西園的經理派車爲我送到了北京，一擱就是十多年，我更不知道做什麼用，陳增弼兄建議做明式傢具，我也非常同意，但想不到他會突然去世。又過了幾個月，陳增弼兄的高足苑金章來看我，他也看過這批金絲楠木，他就提出，他師傅的這個遺願他願意來完成。這對我來説是求之不得的事。苑金章兄接手這件事後，就積極開始操作，每一圖紙完成，都來與我商量，確定後就開始製作，一晃至今已五年有餘，快近六年了，現在已完成了三十六件。我每次去看，都是賞心悦目。他的設計，樸素大方而有書卷氣，盡得明式傢具之精華。

當然，這批明式傢具之製成，一是永久保存了這批西漢的金絲楠木，可以傳之久遠；二是這批明式傢具的式樣，也可作傢具藝術的典範，增加了傢具藝術的古典藝術氣息；三是爲國家新增了一批不朽的古典藝術品。所以我要特别謝謝苑金章兄，是他的藝術才華，成全了這批西漢的金絲楠木；反過來，也是這批當年屬於皇家的木材，發揮了他的創作才思，成就了這批傳世傑作。

二〇一三年八月二十九日於瓜飯樓北窗

寬堂時年九十又一

椅凳類

001

圈椅

長70厘米　高85厘米　寬56厘米

舒適、省料、牢固耐用，是這把椅子的設計初衷。按照人體尺度，以兩臂自然放在扶手的寬度爲依據，由此確定扶手的寬度。座面前高後低，座靠時不易順勢前滑，靠背板的上部同栲栳圈連接采用了官帽椅的做法，靠背板的弧度恰好承托腰部，背靠上去很舒適。扶手兩側不設聯帮棍，這樣用起來會更方便。椅腿兩側各用了兩根拉撑，既保證了結構强度也節省了側面牙板。爲了省料，起初做樣品時把前立腿上部鵝脖做成了直的，但視覺不舒服，經推敲後還是做了一點彎曲，有了這段曲綫，感覺明顯改善。

002

梳背椅

長68厘米　高85厘米　寬53厘米

將現代人的生活意識體現在這把椅子的尺度及坐姿上，構成同傳統此類椅子的明顯區別。在對一些構件符號的運用上有所變化的同時，并没有避諱使用純粹明式傢具的傳統手法。在追求耐看的同時更兼顧其使用的舒適性。

几案類

003

大條案

長364厘米　高85.6厘米　寬51厘米

這件大條案是這批傢具中最先做的，因爲這件案子的面板是這批材料中最大的一塊，本着先做大料後做小料的原則依次設計，按着這塊難得的大料配上牙板腿足，比例適當，求穩不求新。值得一提的是：歷經了數千年的金絲楠木仍然保持了木材的天性，隨着四季呼吸且抽漲變化不止。

拓片爲馬國慶所拓。

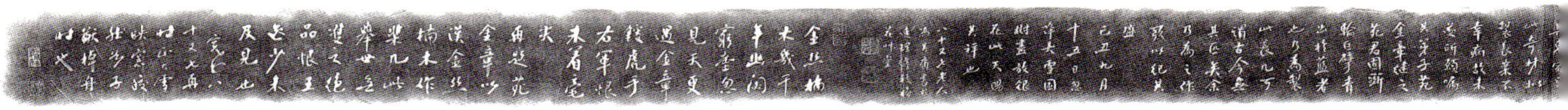

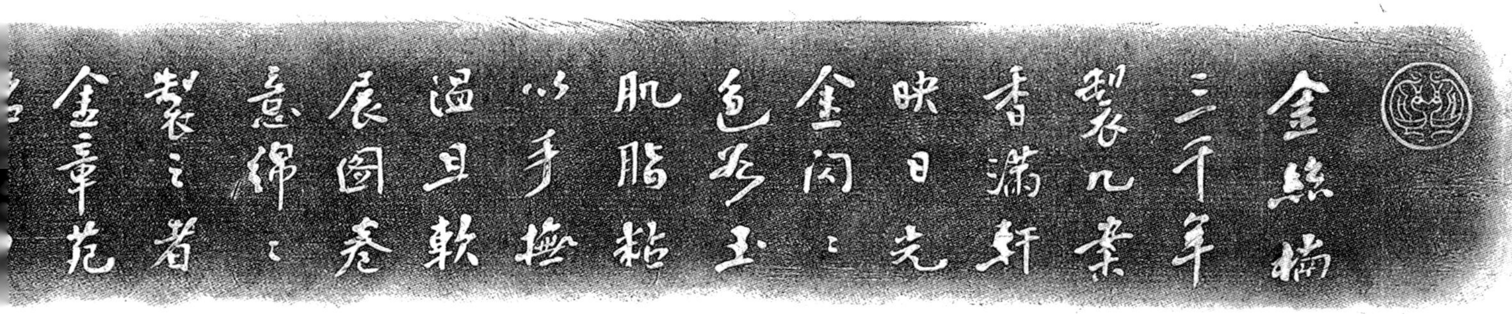

釋文：

金絲楠，三千年。製几案，香滿軒。映日光，金閃閃。色如玉，肌脂粘。以手撫，温且軟。展圖卷，意綿綿。製之者，金章苑，銘之曰：此寶器，萬世傳。展畫圖，閱古簡。陳宋槧，列元箋。焚妙香，鑑龍泉。理絲桐，伯牙絃。舒長袖，舞胡旋。奏霓裳，羽衣翩。作字畫，右軍帖，大痴篇。得之者，勤護惜，萬斯年。

二十世紀七十年代，余在揚州得古金絲楠木巨材，漢廣陵王墓外廓（椁），皇家之材也。距今三千年：樹材成長閱千年，墓葬距今兩千年，故總三千年也。吾友陳增弼兄，明式家具專家，見此奇材，擬製長案，不幸病故，未遂所願，囑其弟子苑金章繼之。苑君固斲輪巨擘，青出於藍者也，乃爲製此長几，可謂古今無其匹矣。余乃爲之作歌以紀其盛。

己丑九月十五日忽降大雪，園樹盡放銀花，此天賜其祥也。　八十又七老人馮其庸書於連理纏枝梅花草堂。

金絲楠木幾千年，幽閟窮塵忽見天。

更遇金章鏤虎手，右軍恨未着毫尖。

再題苑金章以漢金絲楠木作棐几。此舉世無雙之絕品，恨王逸少未及見也。寬堂八十又七再（題），時正大雪映窗，皎然如子猷棹舟時也。

此寶器
萬世傳
展畫圖
閱古簡
陳宋槧
列元箋
焚妙香
鑑龍泉
理丝桐
伯牙弦
舒長袖
舞胡旋
奏霓裳
羽衣翩
作字畫
右軍帖

具傳家見
此奇材也
製長案不
幸病故未
遂所願嗚
其弟子苑
金章繼之
苑君固漸
輸巨擘青
出於藍者
也乃為製
此長几可
謂古今無
其匹矣余
乃為之作
頌以紀其
盛
乙丑九月
十五日忽

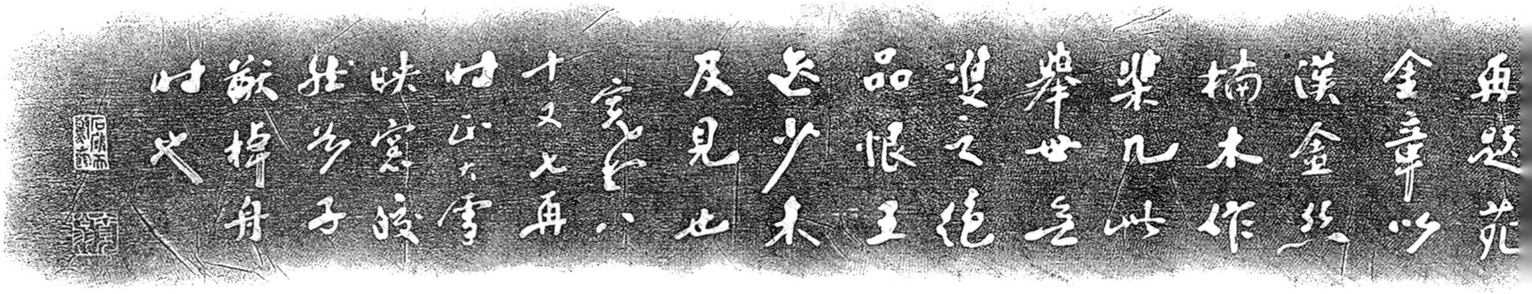
再題苑
金章以
漢金絲
楠木作
案几此
舉世無
雙之絕
品恨王
世少未
及見也
十又七再
时正大雪
映窗陵
壯步子
敲棹舟
时也

金絲楠
三千年
香滿軒
映日光
金閃閃
色若玉
肌脂粘
以手撫
溫且軟

意師: 製之者 金章花 銘之曰 世寶品 長世傅 問書簡 陳宋槃 別元箋 焚妙香 邂龍泉 理絲桐 伯牙絃 舒朗袖 雲朝談 明衣畫 汀岸畫 古軍帖 大痴蒪 得之者 勤護惜 萬斯年

二十廿口紀文 □華戊余書

列陳周展高此銘金製意展溫以加
元宋古畫如寶車佛圓且手勝
築簡囿寧日花者春秋無

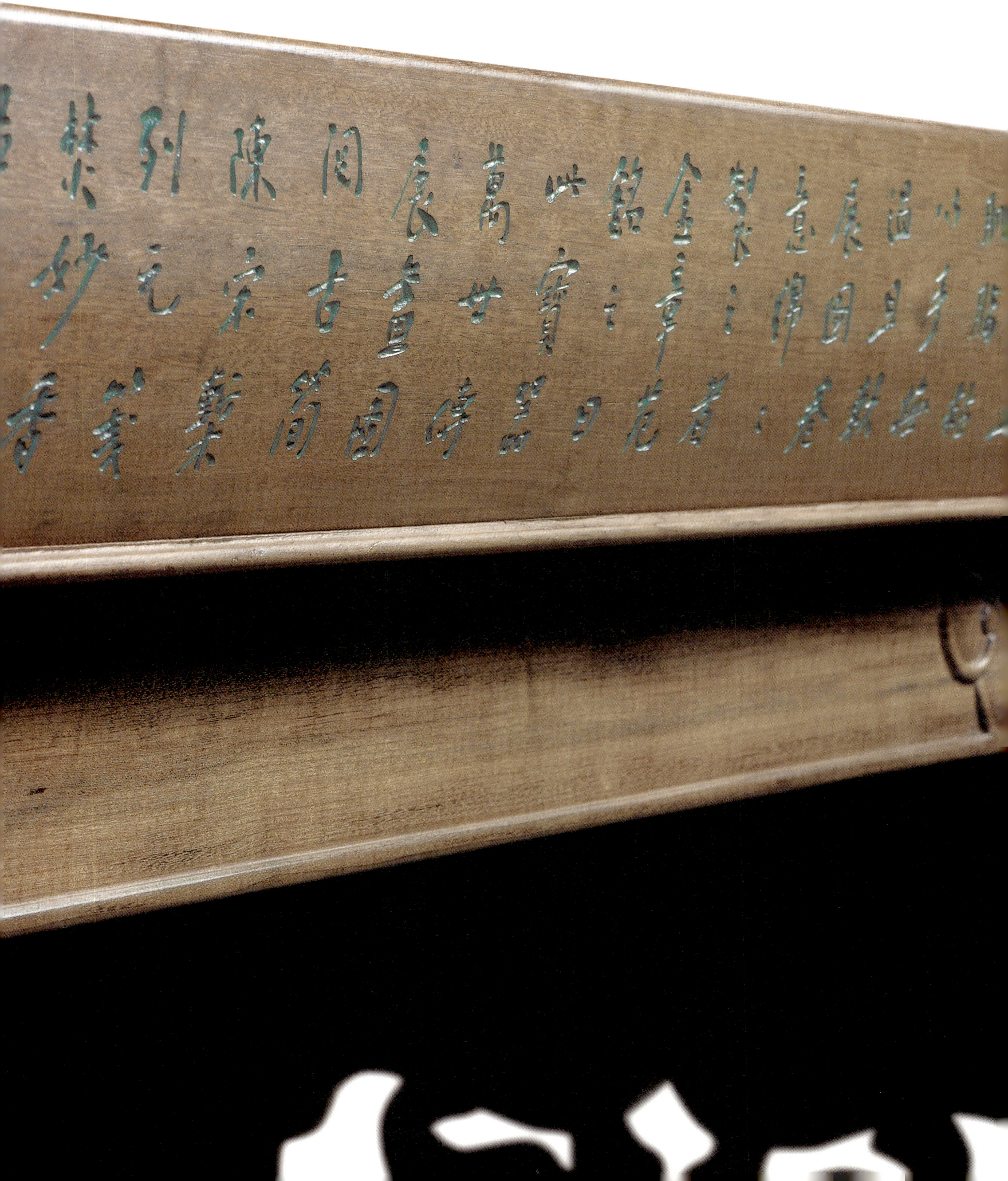

004

大架几案

長278.6厘米　高81厘米　寬61.8厘米

這塊案板十分難得，不論是它的尺寸還是紋理都很罕見（見三六、三九頁圖），非常珍貴，很適合做成架几案。在認真繼承傳統的前提下，根據案板的規格匹配好兩側架几。架几四腿外側垂直，內側稍有傾斜，這樣保證了兩側架几自身空間的穩定，同時也營造出兩几中間空間的方正完滿。配合較厚案板，設計的架几腿足也很壯碩，整體感覺厚重泰然。

拓片爲馬國慶所拓。

漢金絲楠木案瓜飯樓珍藏

漢金絲楠木案瓜飯樓珍藏

造
庚寅
海棠
馮其
庸八
十又
八題

造
庚寅
海棠
馮其
庸八
十又
八題

釋文：
漢金絲楠木案
瓜飯樓珎藏
金叵羅造
庚寅海棠節
馮其庸八十
又八題

罕見的奇妙木紋

罕見的奇妙木紋

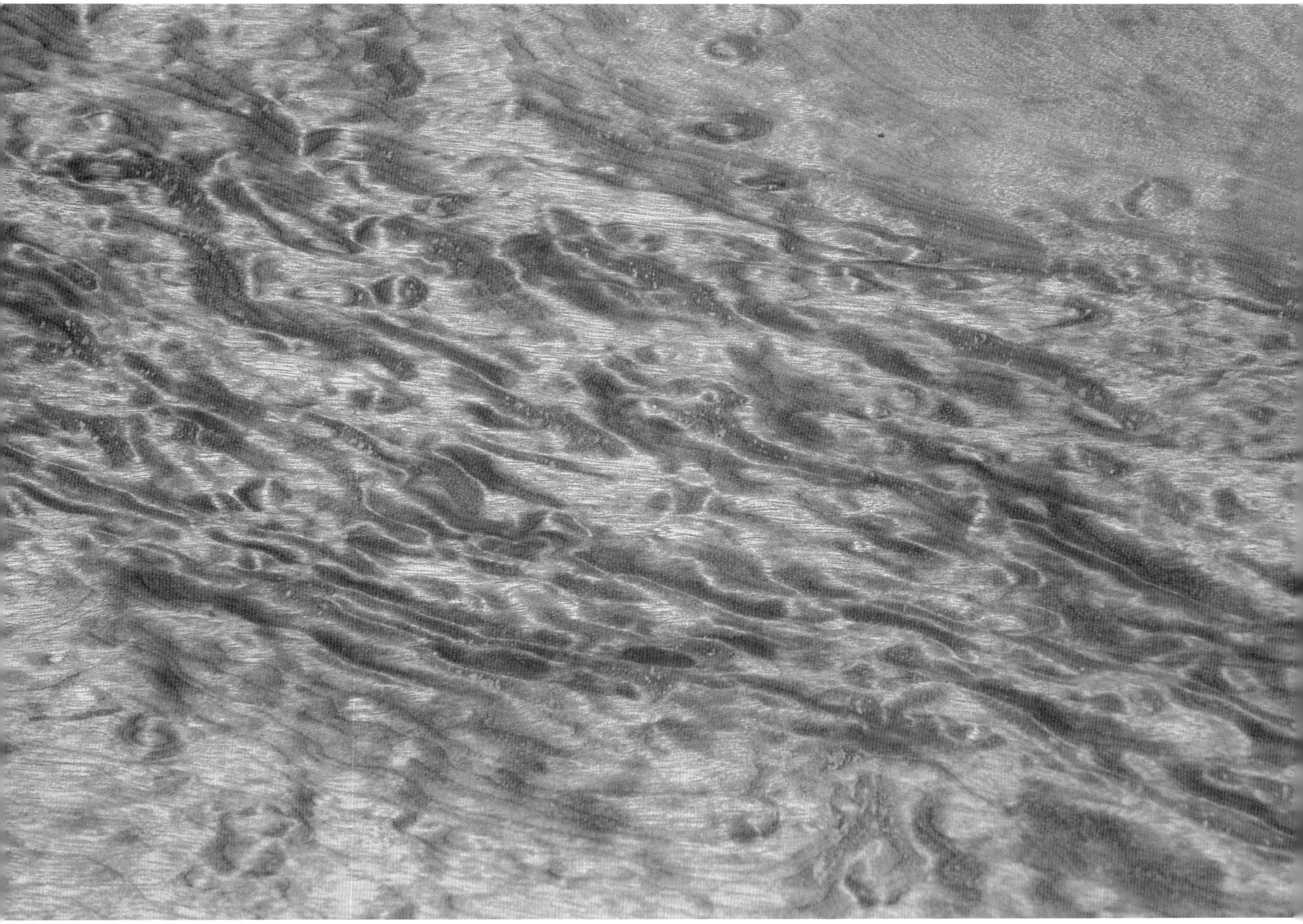

005

小架几案

長232厘米　高82厘米　寬53厘米

薄板小料是最後餘下來的，根據這些材料設計出這件架几案。突出的特點是它的抽屜和拉手。

006

垂挂雲頭板足案

長216厘米　高85厘米　寬51.6厘米

一木一器的這件板足案最大限度地使用了材料。一塊厚板破成兩塊，其中一塊再截成兩段做成板足，也正好去掉了有缺陷的部分。兩側板足用了垂挂雲頭圖案，面、腿邊沿打凹，面、腿交接轉彎處做圓弧處理，爲了做出這個圓弧的面子，橫轡外側減薄，內側保留原厚度，也使面板不失原有的結構强度。拓片爲馬國慶所拓。

釋文：

瓜飯樓書畫案

右軍几棐製初成。
一片天機萬象生。
董巨荊關黃鶴老，
盡歸大匠叵羅金。
庚寅海棠盛花日
馮其庸八十又八題
金叵羅造

董巨荆関黄鶴老盡歸大匠巨羅金
庚寅海棠盛花日馮其庸八十又八題金巨羅造

象生董巨荆関黄鶴老盡歸大匠巨羅金
庚寅海棠盛花日馮其庸八十又八題金巨羅造

谷 伦 楼 书 画 案　军 荣 製 几 右
咸 豐 一 月 一 日

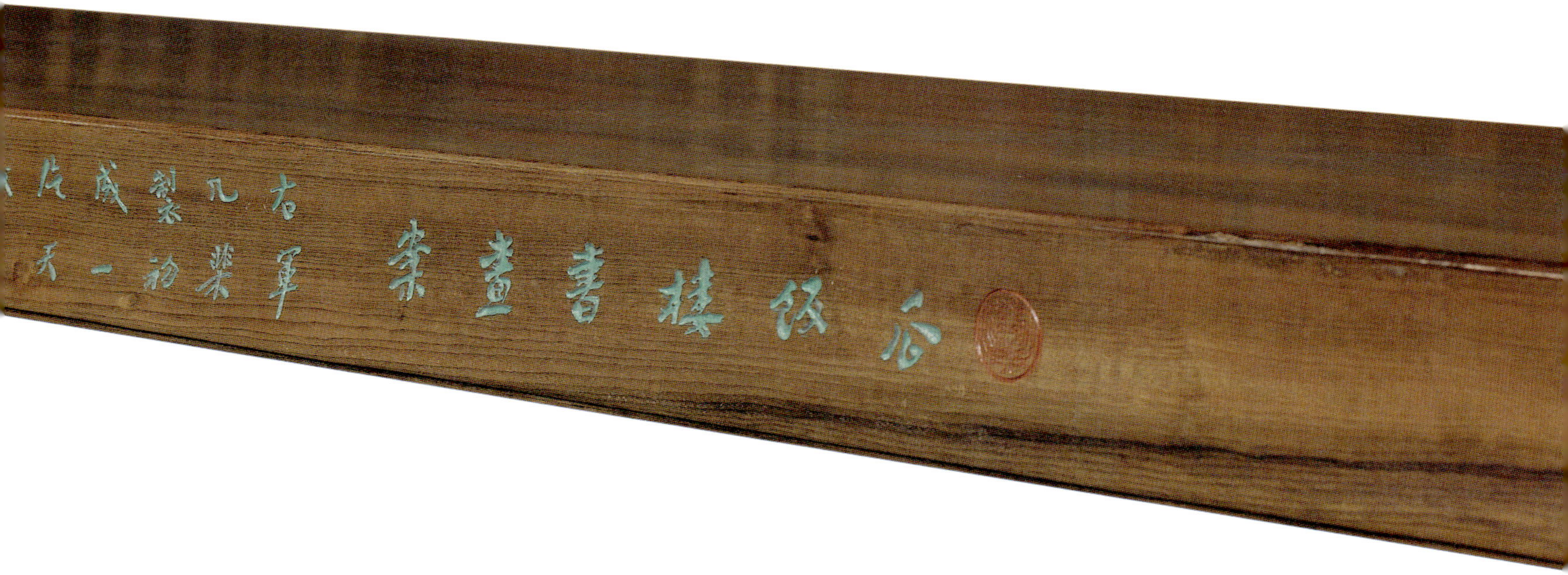

007

板足案

長206.3厘米　高82厘米　寬45厘米

區別於上一件板足案的部位主要是板足的開光，這與傳世板足案的做法相同。因用作面板的材料有民間工匠俗稱的『趴楞』，我又想把案子做到儘可能的寬，所以面的冰盤沿采取了這種形式，同時順勢同板足相連轉下去。卷足的造型也做了一些新的嘗試。

008

插肩榫書畫案

長180厘米　高82厘米　寬65厘米

綜合一些古製插肩榫書畫案的做法，我衹把下脚的形式做了一些變化，試着把它做出一種輕輕點地就能輕盈騰起的感覺。

009

大書畫案

長220厘米　高82厘米　寬76厘米

四腿八挓，中間頂牙羅鍋撐，怕强度不够，四角又加上四個牙角，這樣結實了很多。需特别説明的是，這件畫案的面芯板紋理奇幻、美不可言，十分難得。

釋文：
瓜飯樓珎藏
金叵羅造

几案類

爾雅樓珍藏　金石羅造

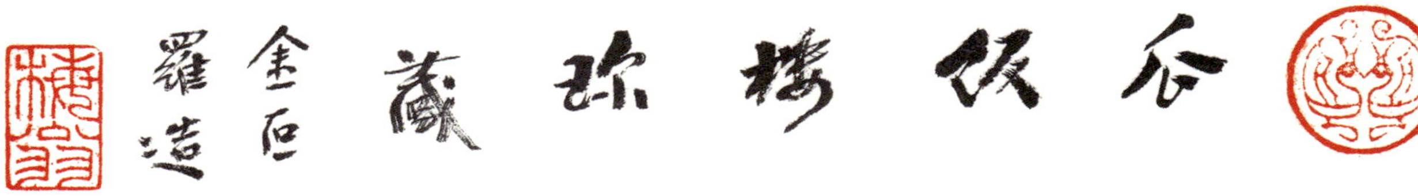

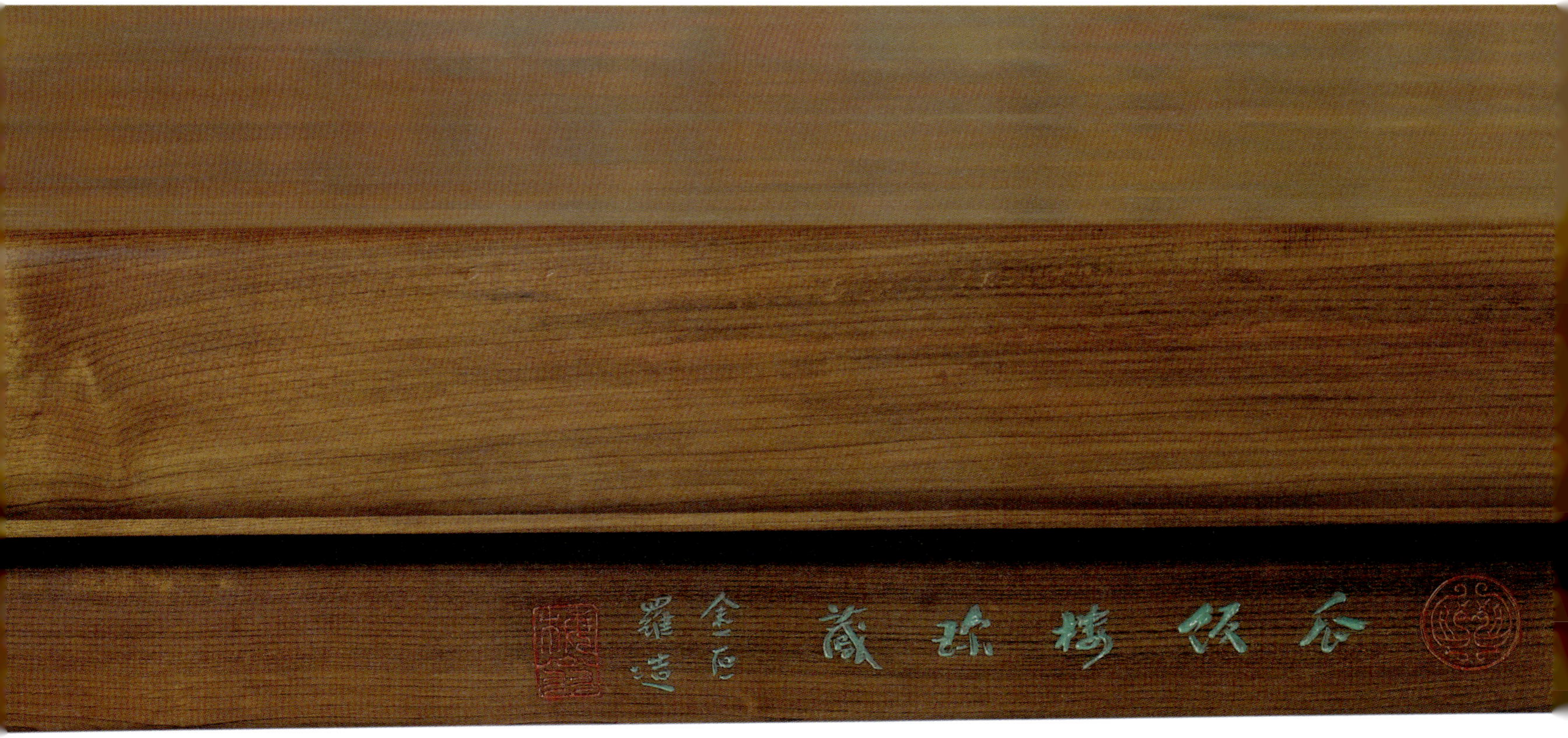

吞竹樓珍藏 金巨羅造

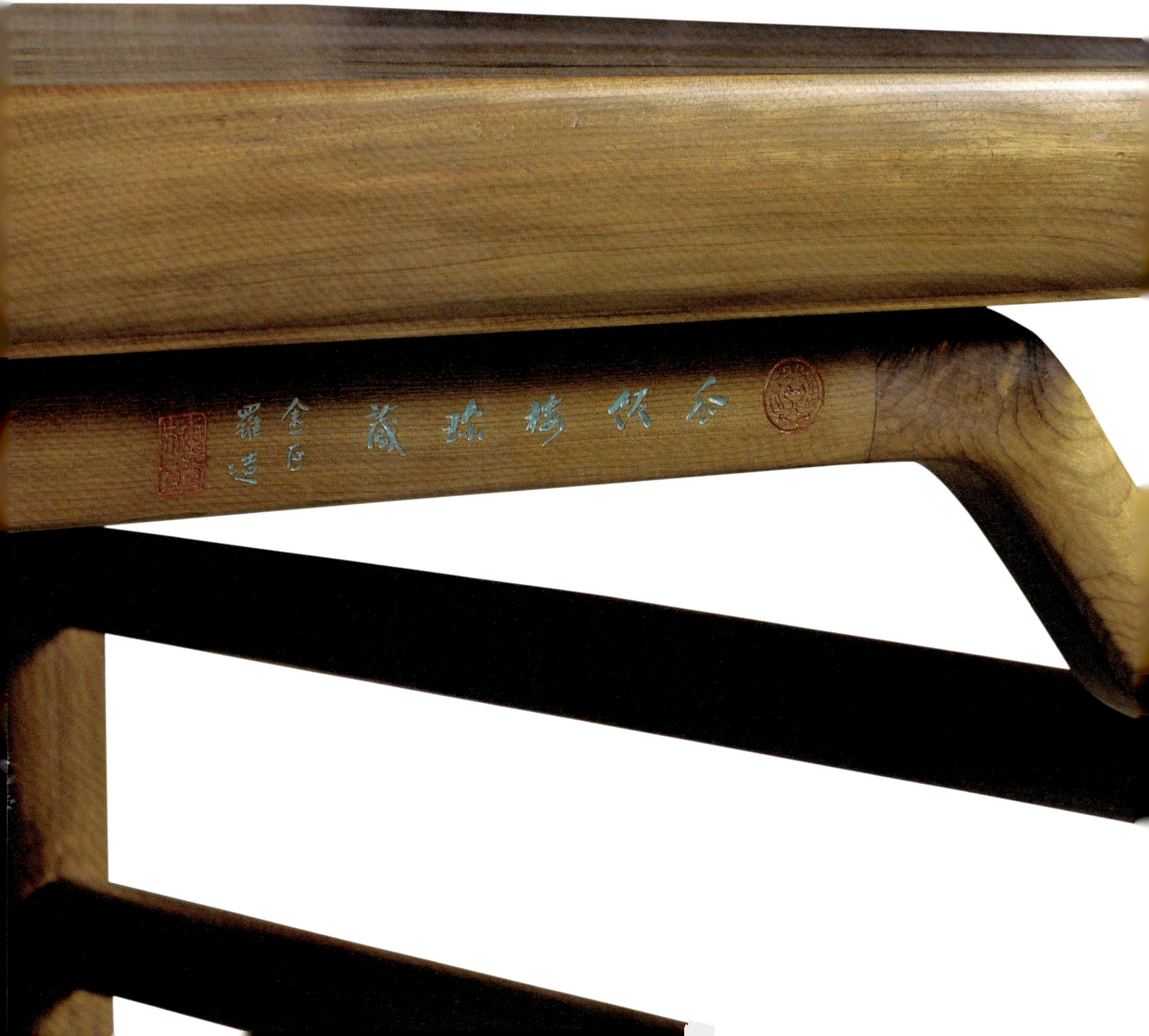

010

平頭案

長220厘米　高82厘米　寬76厘米

既然結構和强度没有問題，索性做得再簡一點，面下不做牙板，四條腿嚮内傾斜，使視覺慣性交點於上空，有一種向上的頂力，挺拔、穩定。兩側有兩根拉撑，橫嚮兩根拉撑放在中間，將兩側腿拉住，使用方便。

011

長條桌

長166厘米　高76厘米　寬76厘米

爲同四把圈椅配套，製作這件長條桌。桌面的高度同樣結合了圈椅的座面高度，它同圓包圓的桌子没有明顯區别，樣式上未求突破。

012

古板鐵架案

長232.8厘米　高78厘米　寬67.5厘米

這塊外形相對完整的板子，歷經兩千多年而油漆尚好，且局部光亮如新，承載了大量的歷史信息，應儘可能完整地保護使用。選擇與其不同質感的鐵板做支架，用舒展且富彈性的曲綫在鐵板上開光，在外輪廓剛硬挺直的同時，也使內部空間有了一絲柔美。既突出了材質的軟硬、冷暖對比，又可協調、融合，更彰顯出金絲楠木板的古風。準確定位了板架各自的角色，相互襯托，氣聚神凝。

013

長方香几

長80厘米　高80厘米　寬46厘米

類似這樣的長方香几很多，我想按着自己的感覺重新製圖做一對。霸王撑還是用上了，因爲它確有必要，但粗了就不協調，細了又作用不大，所以把霸王撑的方料扭轉起來用。這樣視覺上衹能看到霸王撑的一個面多一點，并不顯大，可實際用料并不小。四腿略嚮外傾斜，用料規格較小，我想做出一種輕盈的感覺來。

014

方香几

長55厘米　高84厘米　寬48厘米

這件《中國花梨傢具圖考》上的方香几我非常喜歡，且多次複製，最終還算滿意。當把前幾次複製的同此排成一列，讓喜好傢具的朋友分辨時，他們還是一眼就能看出。其實有些細部的差別也就是一毫米左右。

015

拆裝平頭案

長158厘米　高81厘米　寬51厘米

我想把它做成一件既好看又好玩的傢具，尺寸不是很大，擺在居室不占地方。全素的平頭案看上去很簡單，可做起來不容易，光是牙板大樣小樣就畫了無數遍，總找不到古人做出來的感覺，很細的圖綫，綫裏綫外找，衹是一點點區別。實樣也做了數遍，最終完成後，把案子拆開，就單看一個部件也很美。

橱櫃類

016

冰裂紋透格櫃

長116厘米　高200厘米　寬45厘米

推敲確定下櫃子的整體比例後，冰裂紋的大樣圖花費了大量的時間，看似隨意連接又不能亂而無序。木工製作時也費盡心思，卯榫結構的每個角度都不同，要做到嚴密很吃功夫。

017

曲欞格透格櫃

長116厘米　高200厘米　寬45厘米

外形尺寸同冰裂紋透格櫃相同，衹是上下門的分隔比例有區別，曲欞格相對冰裂紋在工匠製作的難度上小了很多。這件櫃同冰裂紋透格櫃擺在一起時，一剛一柔，相得益彰。

018

圓角櫃

長70厘米　高120厘米　寬39.5厘米

明式傢具的經典樣式之一，綜合一些資料製成兩件，遺憾的是剩下的材料出不來對稱的門芯板。很多人喜歡問它做什麼用，我覺得重要的是它的觀賞價值，當然它也是很實用的。

019

三屜悶户橱

長210厘米　高88厘米　寬58厘米

選取一塊很完整且紋理很美的板子當面，整體長度以面板材料長度爲準，做成了這件較大的三屜悶户橱。

020

方角矮櫃

長64厘米　高76厘米　寬39厘米

方角櫃的身板、面板均用1.2厘米厚的薄板製作。爲使結構牢固，櫃内用通高的中身立板，使面板在正常使用甚至放置重物時不易下塌。中間横嚮做成兩排四個抽屉，上下爲空格，方便使用。

021

大躺箱

長185厘米　高48厘米　寬65厘米

硬木和楠木的大躺箱很難見到有傳世的作品，我想做一件試試。通體的素板顯出簡潔的傢具輪廓，加上圓的白銅活和兩側的提手乾净利落，箱子的牙口也用了明式傢具起邊綫的通常做法。看似簡單，但製作工藝難度較大。由於尺寸較大，木材的縮漲變形難免，箱蓋的結構做了與傳統做法不同的設計處理。

床榻類

022

羅漢床

長207.2厘米　高72厘米　寬91.2厘米

根據明式傢具的特點，結合材料做出這張羅漢床，中規中矩。

023

無圍榻

長192.4厘米　高46厘米　寬84.4厘米

用較少的筆墨造型，適度大小的材料，傳統的卯榫結構，試探着做出這件無圍榻。除可臨時休息用，也可同圍板寶座或其他座具組合起來當茶几用。

024

圍板寶座

長84.4厘米　高68厘米　寬62.4厘米

這件圍板寶座在體量上側重它的觀賞性。本來座面的高度想做成較適宜的44厘米，但經反復推敲比例後還是提高到了46厘米。腿及牙板的起邊綫同托泥腳踏的起邊綫貫通交圈，考慮年久使用會把托泥的起邊綫踏平，故加寬到0.8厘米。座面以下造型呈扣斗形，四腿八挓同牙板及托泥結合處做成適度的圓弧，使框架內部構成一個穩定飽滿的空間，斂聚祥和之氣。

屏座類

025

六扇屏

總長312厘米　每屏長52厘米　高260厘米

六扇屏的框架按傳統樣式製作，屏芯板正面爲馮其庸先生的《層巒疊翠圖》，由揚州尹學成的雕龍齋潘林沐先生用工數月雕刻完成。屏背面刻有馮先生手書《瞿塘石歌》。拓片爲劉猜猜所拓。

層巒疊翠圖

層巒疊翠圖
丙戌初秋
馬肅甫
八十又四作

層巒
疊翠圖
丙戌初秋
馮其庸
八十又四作

瞿塘石歌

屏座類

陣急姓惡風浪陣卿亂已陣勢捲里浪將產根根怪石
蠻虎威勢武伐移樽堂浪色夸萬頭勁吼哮吻雷
夔夔門我幸輕舟病如電倏忽已迅白虐城回首後
旁合一綫等官瀆有未降魂昔之禍水
西未會整塘一山橫截逕東川千村萬落威浮圖

姣飾魚蟹曾相慶魚蛇大為狂此已一葦勢開瞿塘
門群山見之眩目瞢既此大江來去年
瞬澎湃萬里掣但拒當年大禹啟鑿廢遺迹
斑亡有丁邇名見瞿塘峽口邐迤皆等
獻靜之遺歡我今浮此瞿塘石巘峯押械省寺

珍魚睹石上鑿痕隱隱高可辨爹斤斧所
石亦是神禹之所遺今我何幸浮此懷萬仞
之奇石大恐俗世輕六凿長淮星此皆前進
崚三十年前嘗心所予將諸生游墨塘峽通詣杜少陵邊
遠浮論觀請定石既我以墨塘峽奇石乃為最長歌今賦少

陵遠迩乃城浮圖乎
壬午七月景合丙之多蒙此門吳有九十書

瞿塘石歌
魏生遗我瞿塘石色如青铜声如铁叩之时作古钟
鸣以手摩挲瘢千结我昔三过瞿塘门浪崖壁立
半入云画舍日色夜无月咫尺下舍浪两挟鬼神侧
视悬崖哉险仰怪欺下扑势嚣人对此不觉心胆裂
轻舟如箭犹嫌钝俯视雪浪如山立奔腾万马似坚
阵忽然如风阵脚乱巨浪轰击没崖根崖根怪石如
蹲虎或起或伏状狰狞雪浪已翻万犊动咆哮如雷
裂苍门我幸轻舟疾如电倏忽已出白帝城回看没
崖合一线惊定犹有未归魂昔闻太古之初飞水
西来会瞿塘一山横截难东归千村万落成泽国

峡韵鱼鳖皆相庆急此大禹经此凿势开瞿塘
门群山见之骇目争心皆辟易从此大江东去矣
腾蹇湔万里萦迂使舟大禹凿疏道迹
斑斑尚可寻岂不见瞿塘峡口滟滪堆乃是禹
凿后之遗痕我今浮此瞿塘石例岩砯礧奔

珍急睹石上残痕凛凛尚可辨岂斤斧所知此
石六丈是神禹之所遗今我何幸浮此傃万斯年
之奇事岂不恐俗世经久岁长湮灭此蚊龙通

此三十年前官心何予瞵诸生游瞿塘峡遍访杜少陵遗
迹浮诸巍诸宇君琰我以瞿塘失奇石乃为惊叹今奇

陵远迹竟成泽国矣

壬子大暑暴金两毫寒七门琴斋九十书

瞿塘石歌

魏生遺我瞿塘石　色如骨銅聲如鐵　叩之時作古鐘鳴　以為摩崖巖千結　我首三過瞿塘門　雙崖壁立牢不入　雲查杳日色夜夜月昏瞑　至今往復鬼神卿　視懸崖我欲倒　怪獸下撐勢欲人　對此兩不交心膽裂　輕舟忽箭猶嫌鈍　俯視雲浪少山主　奔騰萬馬心仙驚

陣急妙奴亂巨浪　挂槳雙崖根怪石　如搏虎或伏狀　持櫓雲浪色霧為顏　勁哮峙少雷　裂蔓門我幸輕舟疾如電　倏忽已過白帝城　田看雙岸合一線　猶有危亭寬昔門　木古之飛水西未會　豐塘一山橫截鋒來州　千村萬落成澤國

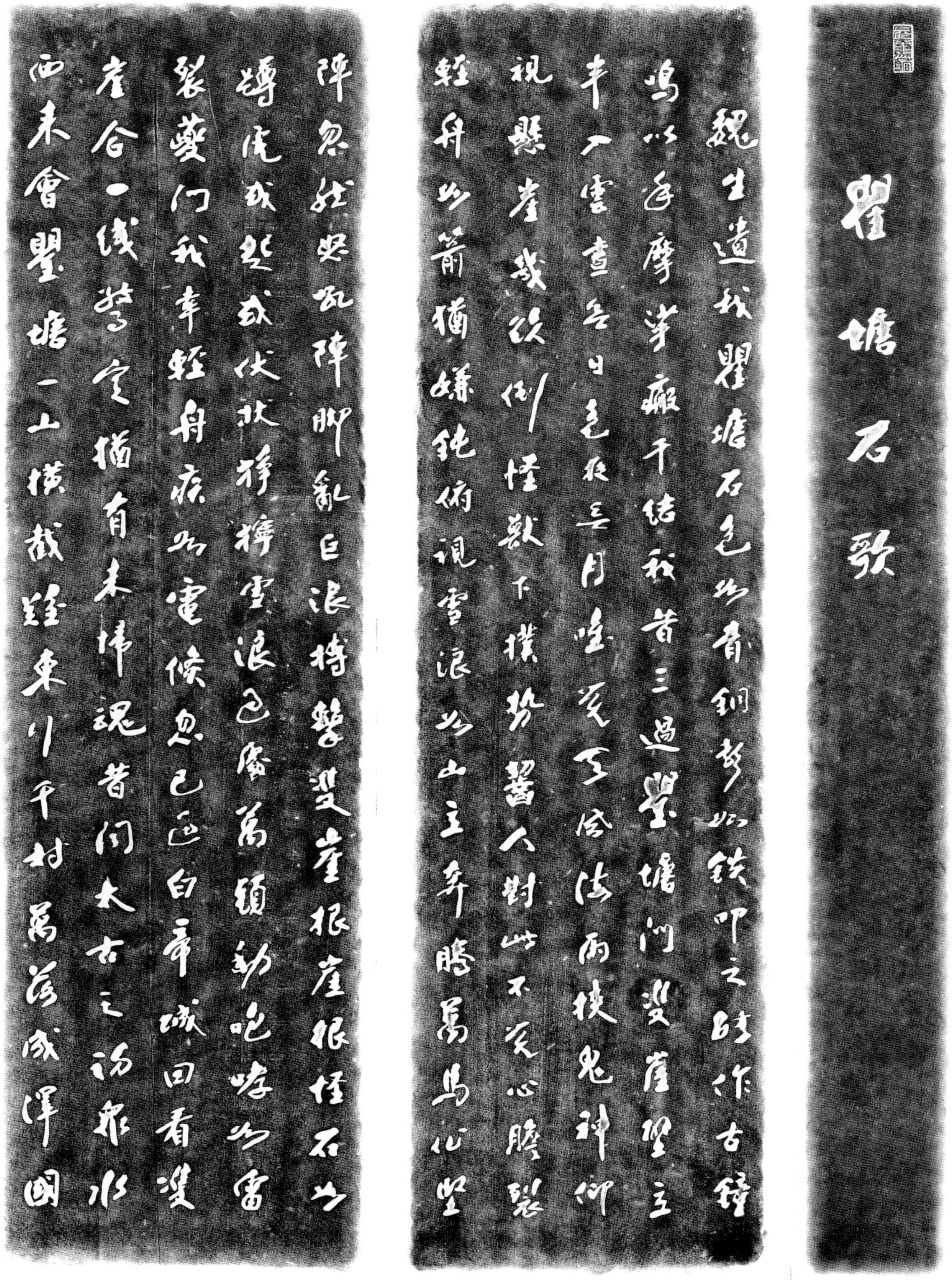

蛟龍魚鱉皆相慶魚此去為經此已一莽勞開墨塘門群山見之賊目驚心皆辟易後此去江東去年騰澎湃萬里莽阻梗宿大禹鑿廢道遠班上南可居不見矍塘峽口灧澦堆乃足為莽濺勞之遺跡我今得此墨塘石何羨仲叔首奇

珍魚賭石上瘢痕嚴隱高可辨莽斤斧知此石本是神禹之所遺今我何幸浮此傳萬斯之奇石此恐俗世絲六由長深墨化蛟龍遁此三十年前當心時予攜諸生游墨塘峽適訪杜少陵遺蹟誇魏諸宇君跋以墨塘峽奇石乃為此長歌今旋遠得此成魏諸宇君哭

陵遠近咸澤國矣
石不大暑暴金兩七夕熹七門耄者九十書

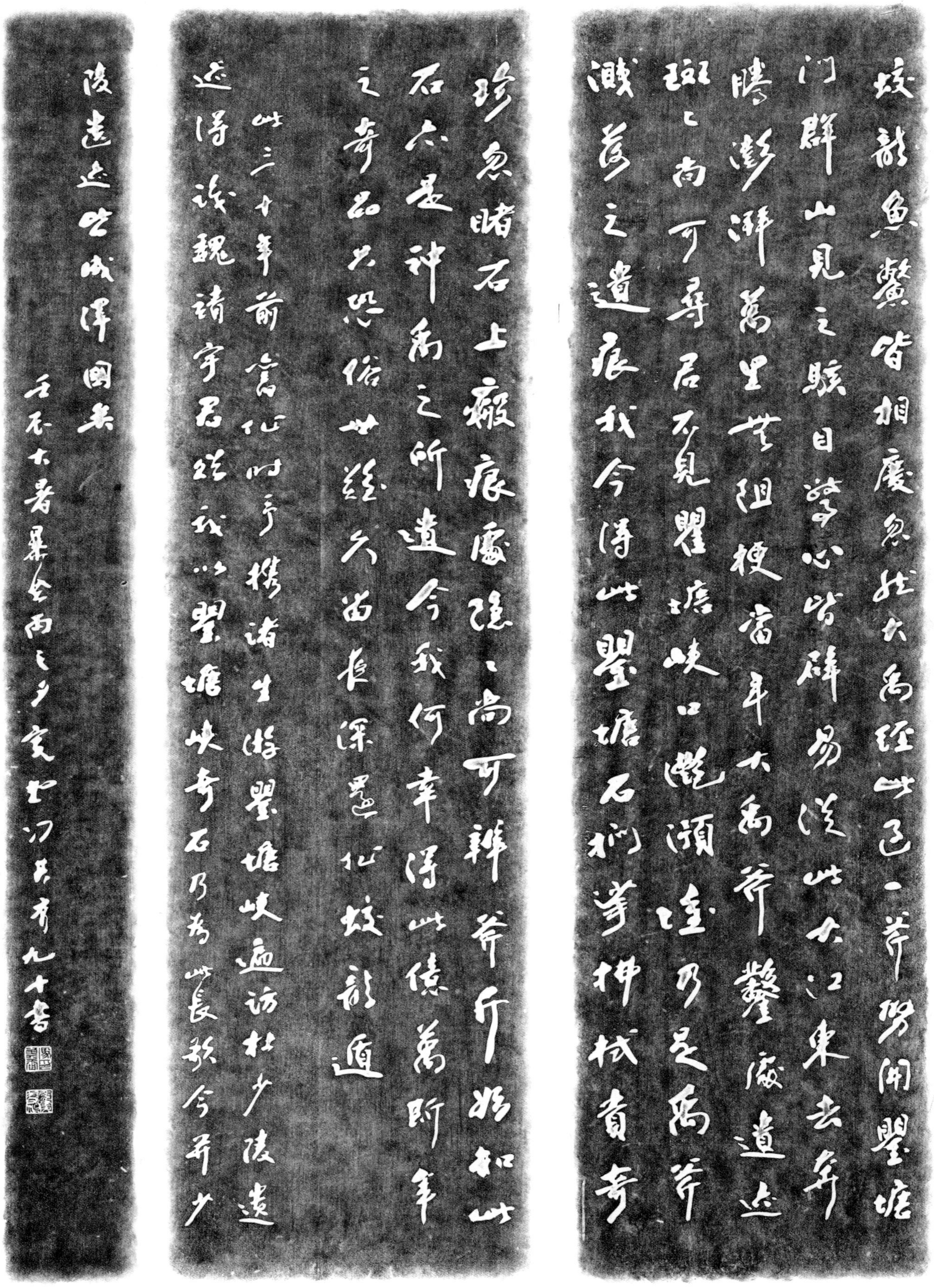

魏生遺我瞿塘石色
鳴以手摩挲瘢千結秋
半下雲晝無日色夜無月
視懸崖幾欲倒怪歎
輕舟如箭猶嫌鈍俯視

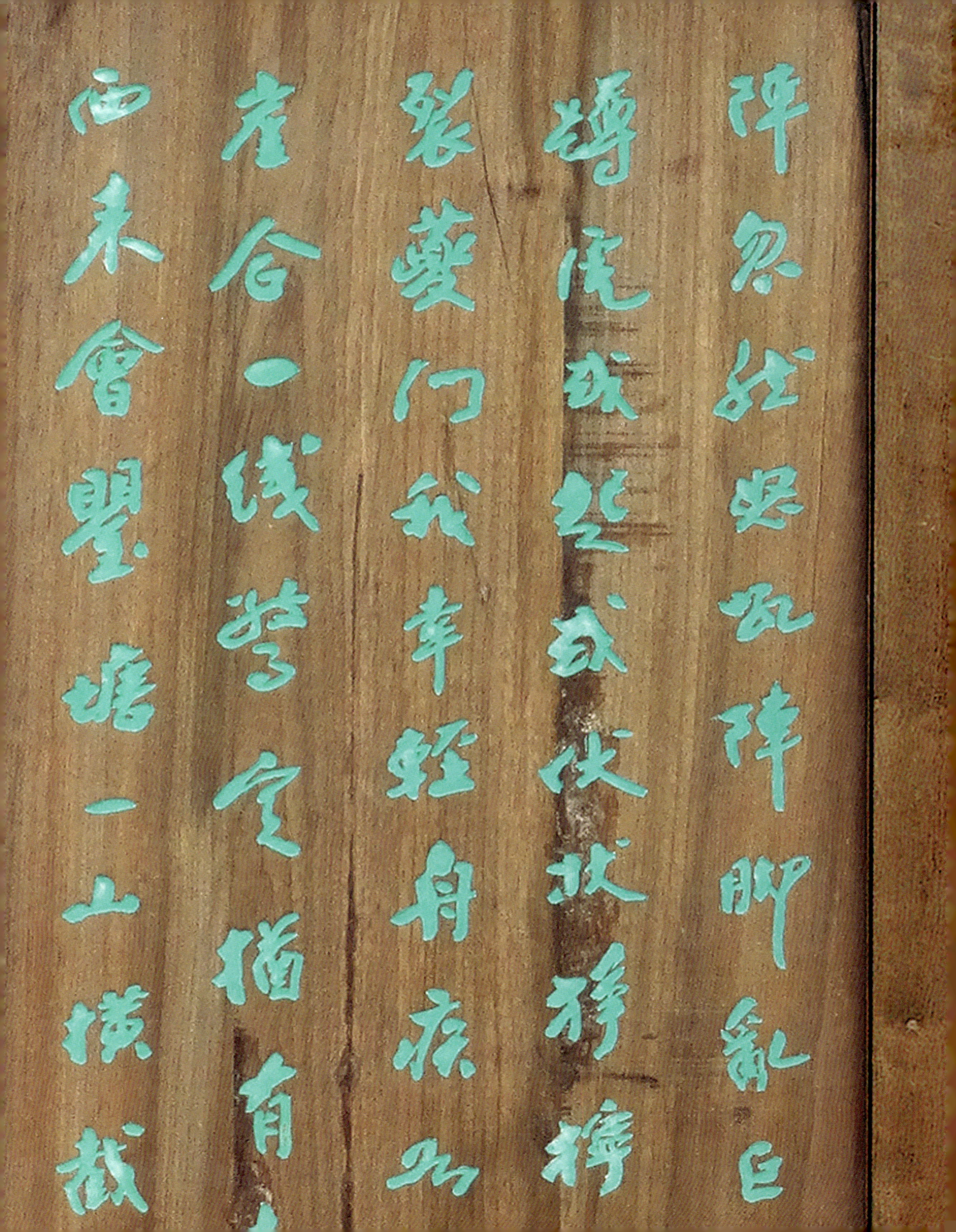

阵忽然恶风阵脚乱已
搏虎球毬球伏状狰狞
鬓夔门我幸轻舟疾出
崖合一线警定犹有
西来会瞿塘一山横截

釋文：

瞿塘石歌

魏生遺我瞿塘石，色如青銅聲如鐵。叩之能作古鐘鳴，以手摩挲瘢千結。我昔三過瞿塘門，雙崖壁立半入雲。晝無日色夜無月，唯覺天風海雨挾鬼神。仰視懸崖幾欲倒，怪獸下撲勢齧人。對此不覺心膽裂，輕舟如箭猶嫌鈍。俯視雪浪如山立，奔騰萬馬作堅陣。忽然怒吼陣脚亂，巨浪搏擊雙崖根。崖根怪石如蹲虎，或起或伏狀猙獰。雪浪過處萬頭動，咆哮如雷裂夔門。我幸輕舟疾如電，倏忽已過白帝城。回看雙崖合一綫，驚定猶有未歸魂。昔聞太古之初衆水西來會瞿塘，一山横截難東行。千村萬落成澤國，蛟龍魚鱉皆相慶。忽然大禹經此過，一斧劈開瞿塘門，群山見之駭目驚心皆辟易，從此大江東去奔騰澎湃萬里無阻梗。當年大禹斧鑿處，遺迹斑斑尚可尋。君不見瞿塘峽口灩澦堆，乃是禹斧濺落之遺痕。我今得此瞿塘石，捫挲拂拭貴奇珍。忽睹石上瘢痕處，隱隱尚可辨斧斤。始知此石亦是神禹之所遺，今我何幸得此億萬斯年之奇品。只恐俗世難久留，夜深還作蛟龍遁。

此三十年前舊作，時予携諸生游瞿塘峽，遍訪杜少陵遺迹，得識魏靖宇君，贈我以瞿塘峽奇石，乃爲此長歌，今并少陵遺迹皆成澤國矣。

壬辰大暑暴風雨之夕寬堂馮其庸九十書

設計圖紙

苑金章 繪製

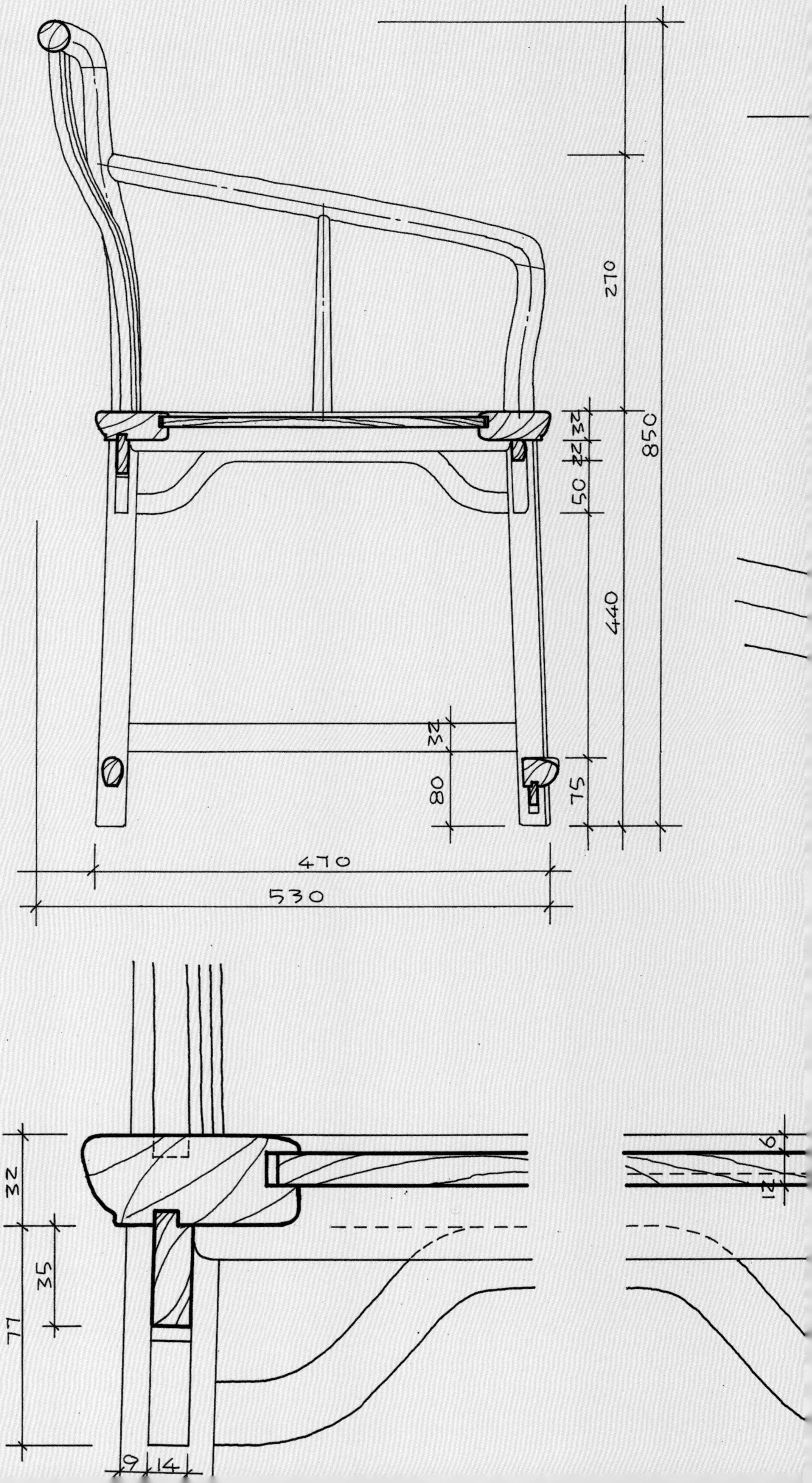

梳背椅

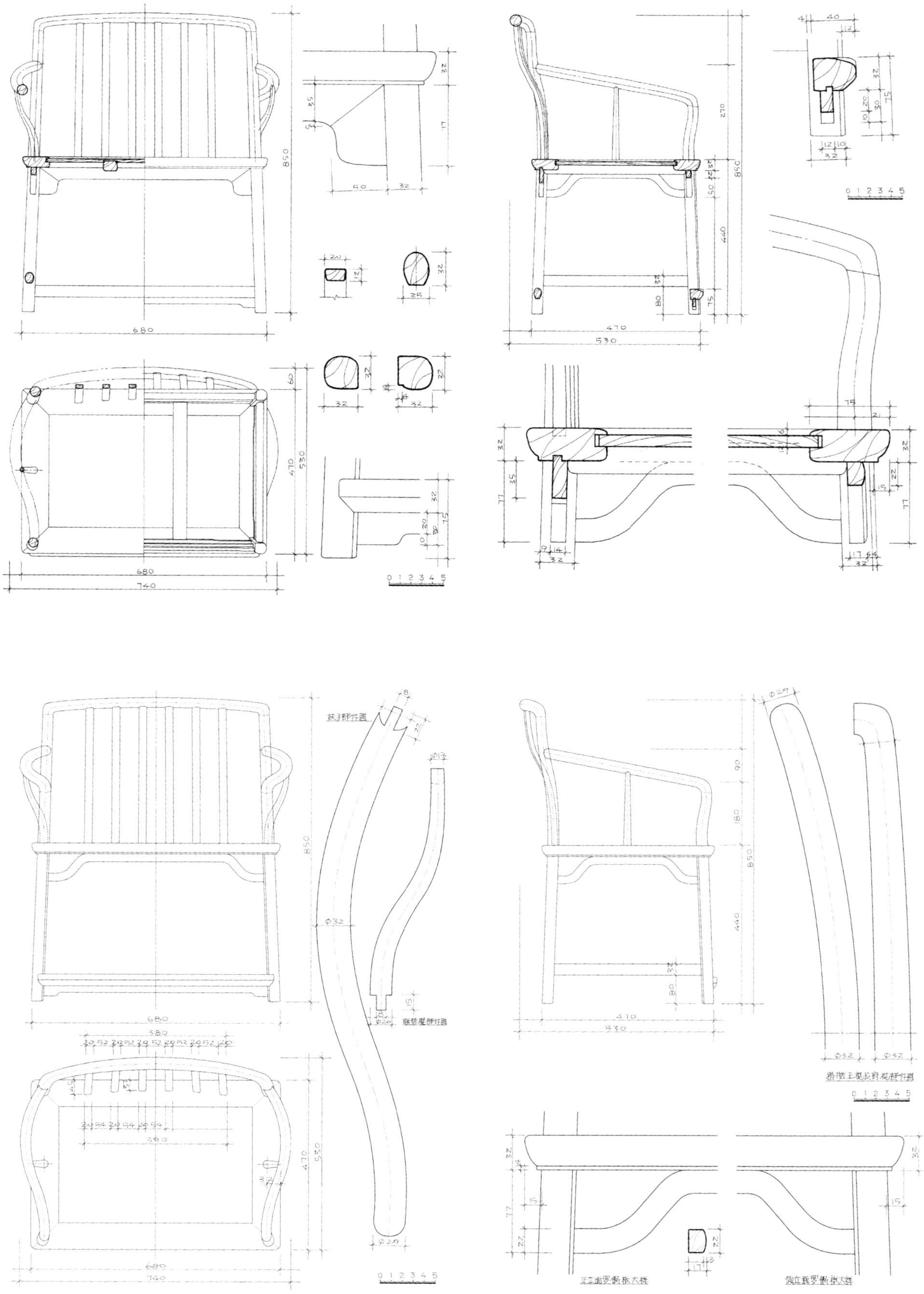

大架几案

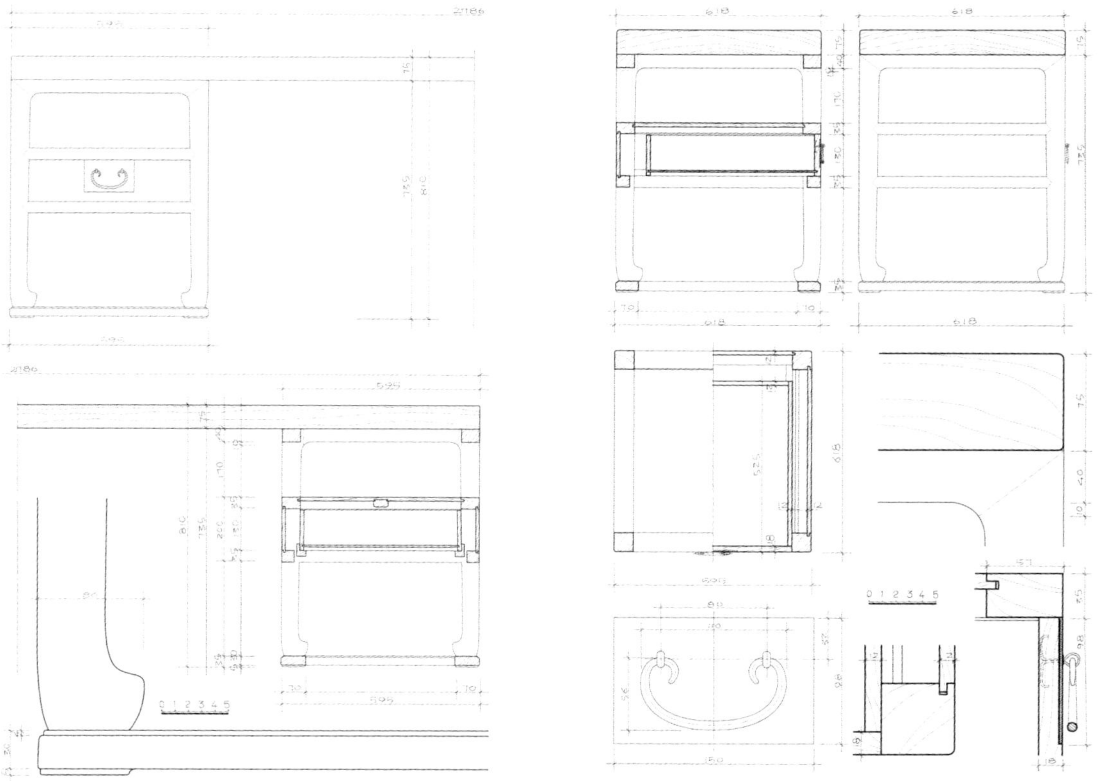

長方香几

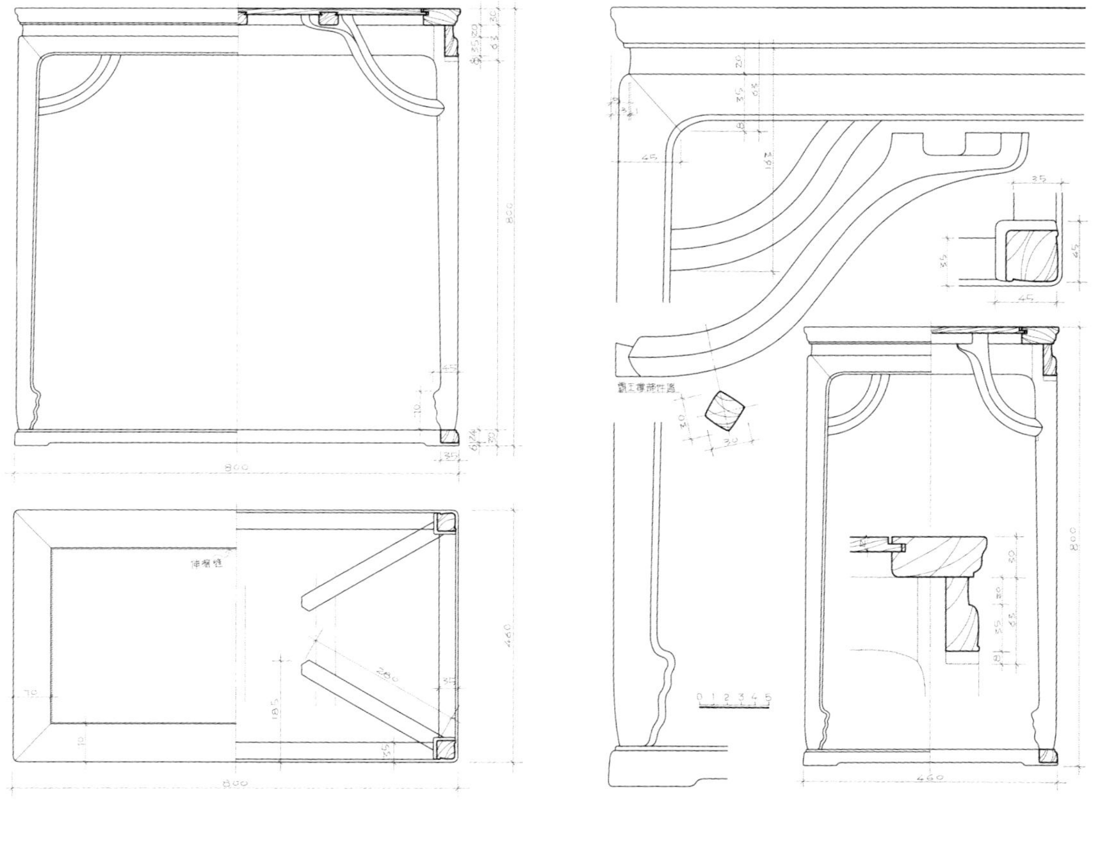

曲欞格透格櫃

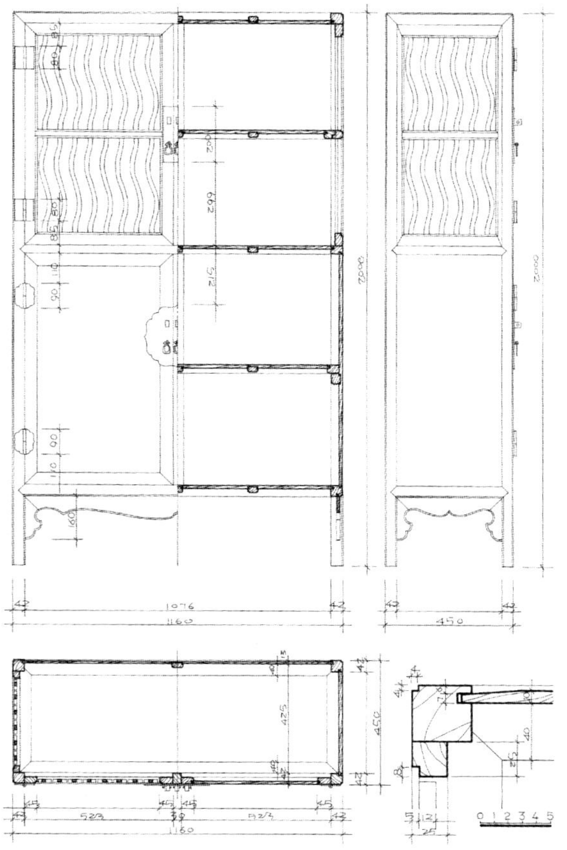

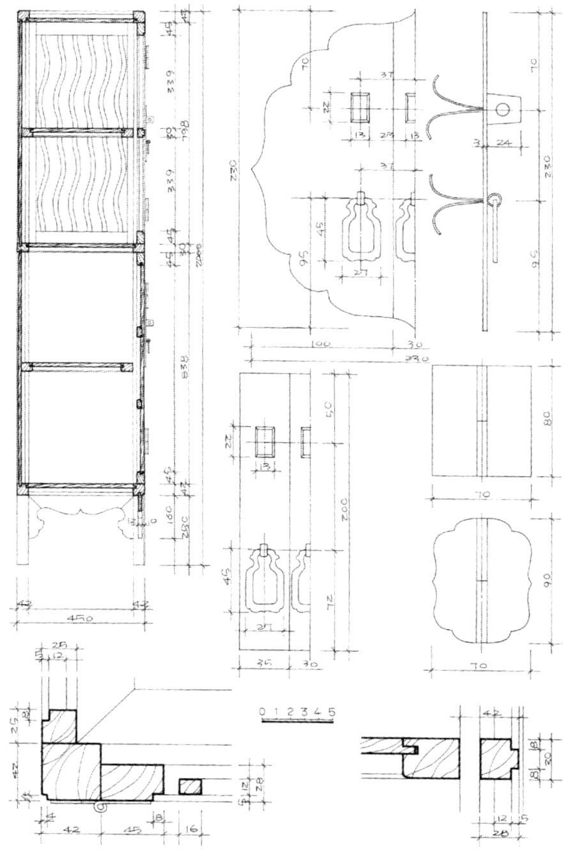

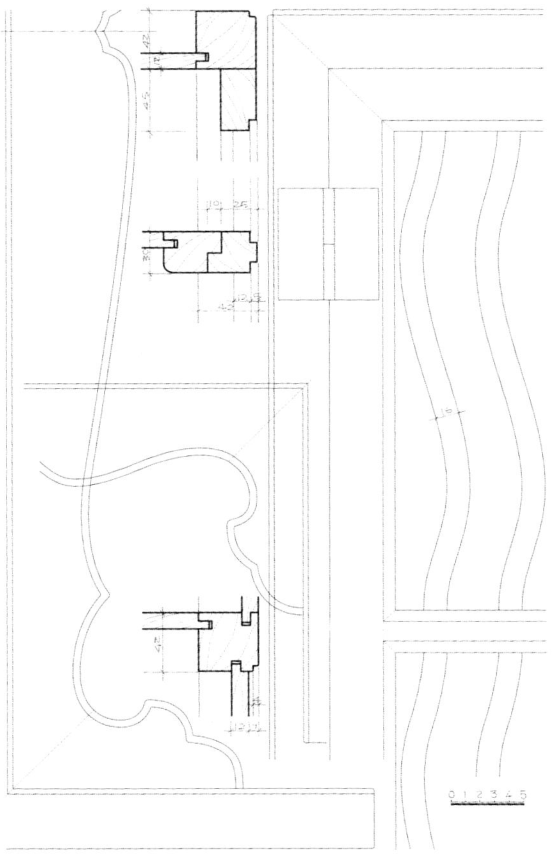

方角矮櫃

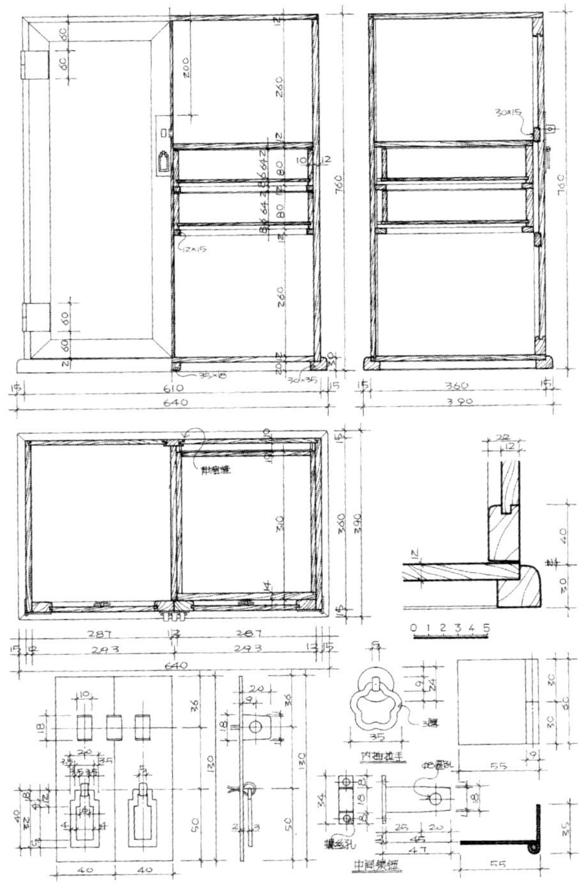

無圍榻

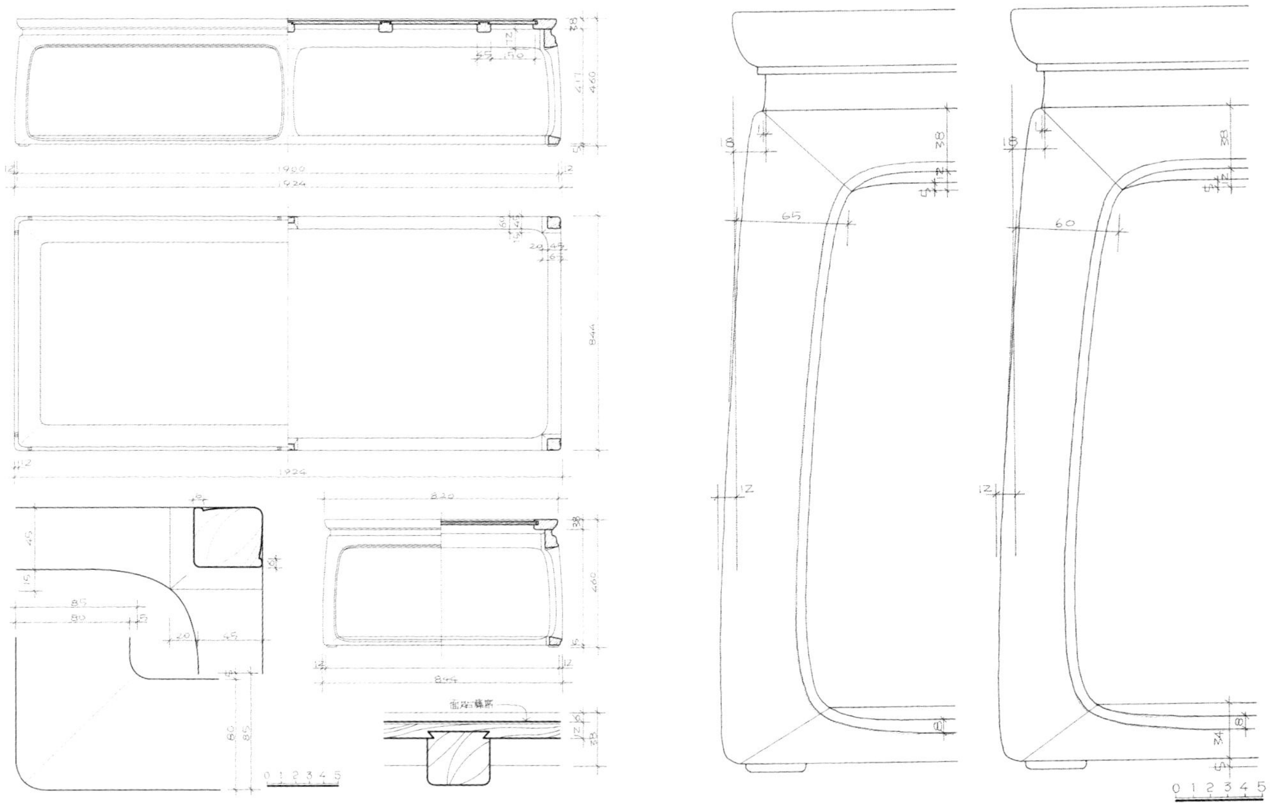

圍板寶座

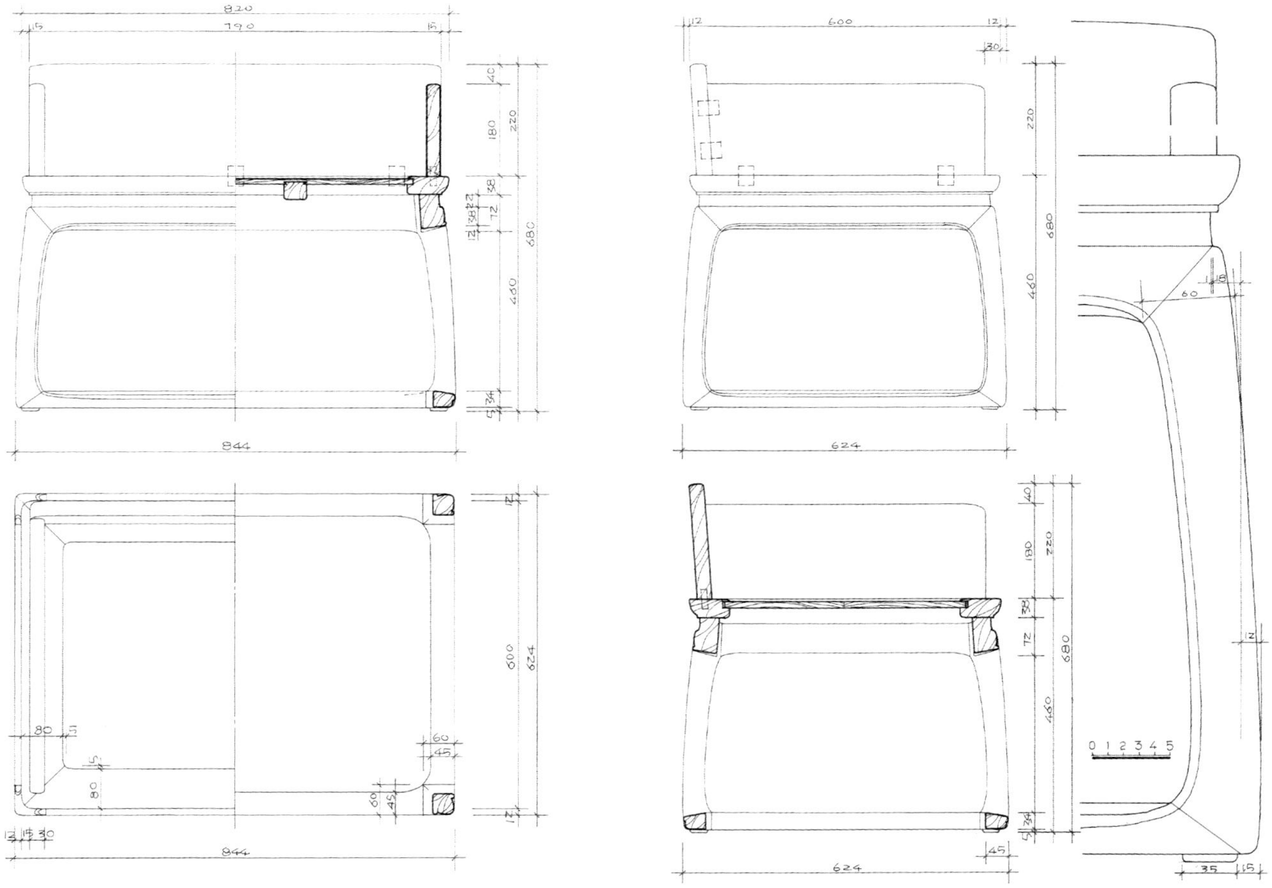

後記

馮其庸先生多年前就同我的老師陳增弼先生商定，把他存了二十多年的金絲楠老料製成傢具，爲此我也和陳老師一同去過馮老處幾次。二〇〇七年我開始着手逐塊板子進行測量，標注尺寸，拍照列表後交陳老師設計。但因板子的外形不太規整，又存在部分腐朽和不可探清的缺陷，陳老師慎重考慮後想先把材料運到我處，要親自看着實物再設計，但很遺憾這一願望没能來得及實現他就去世了。馮老瞭解了陳老師的想法後，决定轉由我來設計完成。陳老師同馮老交往多年，友誼深厚。陳老師很重視這批傢具的設計製作，認爲珍貴的材料、嚴謹的設計和精良的做工都很重要，更重要的是馮老對傢具要作詩詞題刻。綜合這些因素，這批傢具的藝術價值難以估量。在這一前提下，要做到不負馮老的信任和陳老師的囑托，我帶着對傳統明式傢具和對數千年珍貴木材的敬畏之心，慎重做起。

我先從大料開始，由大及小做到材盡其用，品種上没有過多考慮，因大一點的料儘量做成獨板以盡其大用，這樣案子就多一點。椅凳類、几案類、橱櫃類、床榻類、屏座類都有所涉及，基本品類較全。如把傳世的明式傢具歸類爲譜的話，那麼這批傢具就分『靠譜』和『不大離譜』的兩類。『靠譜』的是按照經典的傳世款式一絲不苟的複製。這一類在對近乎完美的傳世之作複製時，有一點偏差都會有失神采，可謂差之毫厘失之千里，只能下功夫追求複製的精準。而另一類是『不大離譜』的，首先立足現在做明式傢具，做到既古雅而又有新意。這就要力求造型上有文化傳承，形神兼備，氣韻貫通，形式典雅。順應材料特性，不因造型因素誇張用材規格，讓材料化爲相應部件後有舒適感。製作時工匠不繞手，應順理而爲，一氣呵成。結構的部件之間，通過力的轉承接續自然生成形體，既不造作也不敷衍，體現結構之美。細部力求精微，下足功夫做到耐看。總之形式與功能需有機地高度統一。另外從傢具的尺度造型上體現出現代人的思想觀念，這也能明顯感覺到同古典明式傢具的差異。

金絲楠木材質較軟，手感温和，和硬木不同，不易把結構强度要求高的部件做得纖細。這一特點也對設計産生直接影響。遠觀金絲楠木傢具，整體感覺素净，不張揚，紋理内斂含蓄，没有較大色差的對比，光澤退居在後，能充分體現傢具的形體輪廓。清晰的陰影能反襯彰顯出綫角的細緻變化，適合光對它的塑造。近看紋理也很豐富，山水祥雲、波光粼粼、金光燦燦、美輪美奂，遠近的觀感層次不同，特徵明顯。

輕松愉快、酣暢淋漓、温暖的手工精準，是在製造工藝上的追求，而這需要同工匠的配合和交流，圖紙尺寸標注再詳盡精確，最終也要由工匠手工完成，工匠的意識情緒不可避免地反映在傢具上，這是一個同工匠深入默契的合作過程。傢具的完成是材料呈現新面貌後的又一次重生，同時它承載了設計者的思想及工匠的情感與手温，并超越時空，使製作者的生命得到新形式的延續。它不僅僅是一件實用傢具，而更多的是體現在文化層面的深度和高度上。

明式傢具的深奥博大如高山，於我初看時，巍巍然屹立在眼前；研習數年再看，它仍然那麽高遠，越發讓我敬畏。設計過程中，對細部比例的推敲有時也就是一毫米左右的差距或一條弧綫的微妙變化，往往做三四遍大様也找不到感覺，明知這種『神氣勁兒』就躲在裏面，只能下大功夫推敲做大様，長久凝視，反復調整比較，千呼萬喚纔能捕捉到它。我希望把明式傢具那種内在的『神氣勁兒』呈現出來，但因個人的才能所限，不知道我究竟做到了多少。

苑金章於金叵羅傢具藝術工作室

二〇一三年十二月三日